Josef Hoffmann

FFT-Zoom mit MATLAB/Simulink

GRIN Verlag

Bibliografische Information der Deutschen Nationalbibliothek:

Die Deutsche Bibliothek verzeichnet diese Publikation in der Deutschen National-bibliografie; detaillierte bibliografische Daten sind im Internet über http://dnb.d-nb.de/ abrufbar.

Impressum:

Copyright © 2005 GRIN Verlag GmbH
Druck und Bindung: Books on Demand GmbH, Norderstedt Germany
ISBN: 978-3-640-13422-9

Dieses Buch bei GRIN:

http://www.grin.com/de/e-book/110697/fft-zoom-mit-matlab-simulink

GRIN - Your knowledge has value

Der GRIN Verlag publiziert seit 1998 wissenschaftliche Arbeiten von Studenten, Hochschullehrern und anderen Akademikern als eBook und gedrucktes Buch. Die Verlagswebsite www.grin.com ist die ideale Plattform zur Veröffentlichung von Hausarbeiten, Abschlussarbeiten, wissenschaftlichen Aufsätzen, Dissertationen und Fachbüchern.

Besuchen Sie uns im Internet:

http://www.grin.com/

http://www.facebook.com/grincom

http://www.twitter.com/grin_com

FFT-Zoom mit MATLAB/Simulink

Josef Hoffmann

September 2005

Inhaltsverzeichnis

1 Einführung

In vielen Anwendungen der FFT [1], die zur Ermittlung von Spektren dienen, benötigt man in einem bestimmten Bereich des zu ermittelnden Spektrums eine erhöhte Auflösung in Form einer Zoom-Funktion.

Ein Zahlenbeispiel soll das näher erläutern. Wenn man Komponenten in der Umgebung von 250 Hz mit einer Auflösung von $\Delta f = 1$ mHz erfassen möchte, dann benötigt man eine FFT mit N Bins [1], die durch

$$N = \frac{f_s}{\Delta f} \qquad (1)$$

gegeben sind. Hier ist f_s die Abtastfrequenz des Signals, die bei Komponenten von 250 Hz wenigstens 500 Hz sein muss. Somit erhält man für N einen Wert von $N = 500/0,001 = 500000$. Eine FFT mit dieser Anzahl Bins stellt einen großen Aufwand dar. Es ist möglich, mit einer normalen Größe der FFT (z.B. mit 512, 1024 oder 2048 Bins) die gewünschte Auflösung in einem begrenzten Bereich zu erreichen.

Die Lösung ist in Abb. 1 gezeigt [2]. Durch Multiplikation des Eingangssignals $x[k]$ mit der komplexen Schwingung $e^{j2\pi f_c kT_s}$ verschiebt sich das Spektrum des Eingangssignals um f_c.

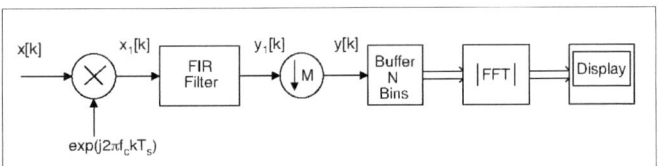

Abb. 1: *Zoom eines bestimmten Bereichs des Spektrums des Eingangssignals*

Abb. 2a zeigt den Bereich des Spektrums [3], [4] des ursprünglichen Signals, das gezoomt werden muss. Es erstreckt sich zwischen f_{min} und f_{max} im Nyquist-Bereich zwischen $f = 0$ und $f = f_s/2$. Mit einer Verschiebungsfrequenz f_c gegeben durch

$$f_c = \frac{f_{min} + f_{max}}{2}, \qquad (2)$$

erhält man das jetzt komplexe Signal $x_1[k]$ (bestehend aus einem Real- bzw. Imaginärteil) mit einem Spektrum wie in Abb. 2b dargestellt.

Mit Hilfe eines FIR-Tiefpassfilters (Abb. 1) [5], [6] [7], dessen Amplitudengang in Abb. 2b ebenfalls dargestellt ist, wird das Signal $y_1[k]$ mit dem Spektrum, das in Abb. 2c gezeigt ist, erzeugt.

Aus der Darstellung dieses Spektrums erkennt man die Möglichkeit, das Signal ohne Informationsverluste zu dezimieren [4], [7]. Der Dezimierungsfaktor M muss folgende Beziehung erfüllen, so dass kein Aliasing entsteht:

$$M \leq \frac{f_s}{2(f_{max} - f_c)} \qquad (3)$$

---

[1] *Fast-Fourier-Transform*

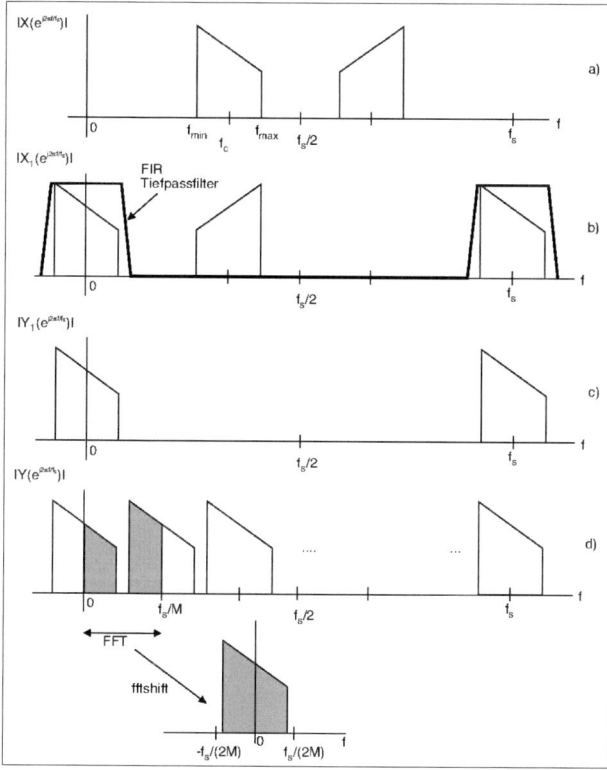

Abb. 2: *Spektren der Signale der Struktur aus Abb. 1*

Nach der Dezimierung erhält man das komplexe Signal $y[k]$ mit einem Spektrum, das in Abb. 2d zu sehen ist. Mit Hilfe der FFT kann dieses Spektrum jetzt annähernd ermittelt und dargestellt werden. Dafür werden N Werte des Signals gepuffert (Abb. 1) und die FFT mit N Bins berechnet. Sie stellt annähernd den geschwärzten Teil des Spektrums im Bereich $f = 0$ bis $f = f_s' = f_s/M$ dar. Die FFT kann auch umsortiert werden, so dass sie das Spektrum im Bereich $f = -f_s'/2$ bis $f = f_s'/2$ darstellt. In MATLAB gibt es dafür den Befehl **fftshift**.

Um aus dem verschobenen Spektrum des komplexen Signals den korrekten Spektrum des reellen Signals abzuleiten muss man die Verschiebung mit der Frequenz f_c berücksichtigen. In der Simulation, die im nächsten Abschnitt beschrieben ist, wird dieses Vorgehen exemplarisch erläutert.

2 Simulation des Zoom-Verfahrens mit Simulink Modell

Es wird ein Signal, bestehend aus drei sinusförmigen Komponenten, angenommen. Die entsprechenden Frequenzen sind im Bereich von $250 - 2, 5$ Hz bis $250 + 2, 5$ Hz, wie z.B. im Extremfall:

$$f_1 = 247,5 \quad \text{Hz}$$
$$f_2 = 250,0 \quad \text{Hz} \tag{4}$$
$$f_3 = 252,5 \quad \text{Hz}$$

Somit wurde ein Bereich von 5 Hz in der Umgebung der Frequenz von 250 Hz als Bereich, der gezoomt werden muss, definiert. Für die Abtastfrequenzt f_s wird der Wert 1000 Hz gewählt. Die Verschiebungsfrequenz f_c wird für diesen Fall 250 Hz sein und der Dezimierungsfaktor muss folgende Bedingung erfüllen:

$$M \leq \frac{f_s}{2(f_3 - f_2)} = \frac{f_s}{2(f_2 - f_1)} = 1000/(2 \times 2,5) = 200 \tag{5}$$

Mit einem Faktor $M = 100$ erhält man einen Bereich der gezoomt wird von $f_s/M = 10$ Hz. Mit einer FFT mit 2048 Bins wird eine Auflösung von $10/2048 \cong 5$ mHz erreicht, die man leicht verbessern kann.

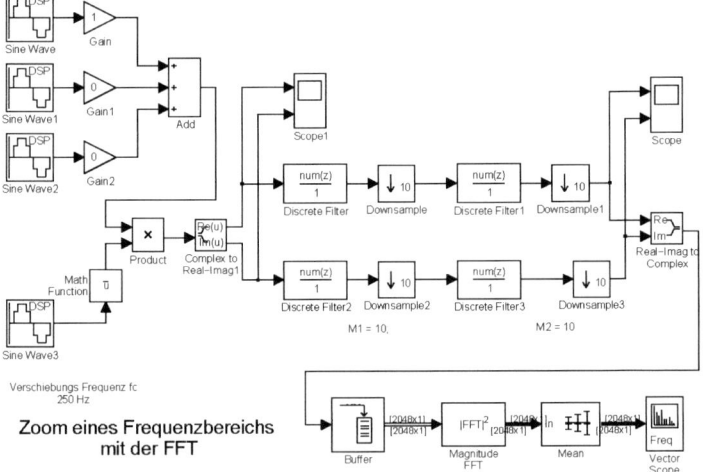

Abb. 3: *Simulink-Modell zur Simulation des Zoom-Verfahrens*

Abb. 3 zeigt ein erstes Modell zur Simualtion des Zoom-Verfahrens. Drei sinusförmige Eingangsquellen können über *Gain*-Blöcke summiert werden und so das Eingangssignal bilden. Mit dem Block *Sine Wave3* wird das komplexe Signal der Frequenz f_c erzeugt, das zur Verschiebung des Spektrums des Eingangssignals dient.

Die Multiplikation der konjugiert komplexen dieses Signals und des Eingangssignals ergibt ein komplexes Signal [8], das mit dem Block *Complex to Real-Imag1* in seinem Real- und Imaginärteil zerlegt wird. Für eine einzige sinusförmige Eingangskomponente der Frequenz 247,3 Hz und eine Verschiebungsfrequenz von 250 Hz sind in Abb. 4 diese Teile gezeigt, so wie sie auf dem *Scope1*-Block zu sehen sind.

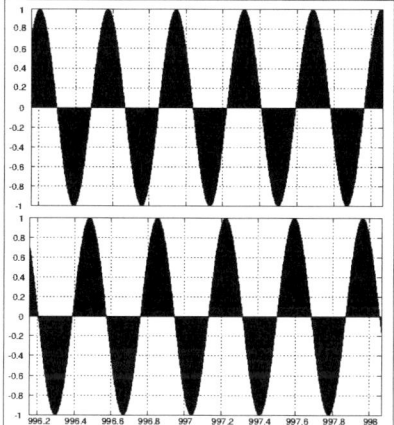

Abb. 4: *Real- und Imaginärteil des im Frequenzbereich verschobenen Signals*

Die Multiplikation des Realteils des Verschiebungssignals der Frequenz f_c mit der Eingangskomponente der Frequenz f_1 führt zu folgender Zerlegung:

$$cos(2\pi f_c t)cos(2\pi f_1 t) = \frac{1}{2}\left[cos(2\pi(f_c - f_1)t) + cos(2\pi(f_c + f_1)t)\right] \qquad (6)$$

In Abb. 4 oben sind die zwei Terme mit der Frequenz $f_c - f_1 = 250 - 247,3 = 2,7\,Hz$ und der Frequenz $f_c + f_1 = 497,3 \cong 500$ leicht zu erkennen. Die Multiplikation des Imaginärteils des Verschiebungssignals mit der Eingangskomponente ergibt ein ähnliches Ergebnis, das mit 90° phasenverschoben ist (Abb. 4 unten).

Die Dezimierung des Real- und Imaginärteils mit Faktor $M = 100$ wird in zwei Stufen mit Dezimierungsfaktoren $M_1 = M_2 = 10$ organisiert. Die Impulsantwort der FIR[2]-Filter wird mit der einfachen Funktion **fir1** der *Signal Processing Toolbox* ermittelt:

```
nord = 64;
M1 = 10;
h1 = fir1(nord,1/M1);
h2 = h1;
```

Für die Ordnung des Filters wurde der Wert `nord = 64` gewählt. Abb. 5 zeigt den Amplitudengang der Filter der Stufen.

Die Signale (Real- und Imaginärteil) nach der Dezimierung können am *Scope*-Block gesichtet werden. Mit Hilfe des Blocks *Real-Imag to Complex* werden die zwei Teile in einem komplexen Signal zusammengefasst und weiter im *Buffer*-Block in Blöcken der

---

[2]*Finite-Impulse-Response*

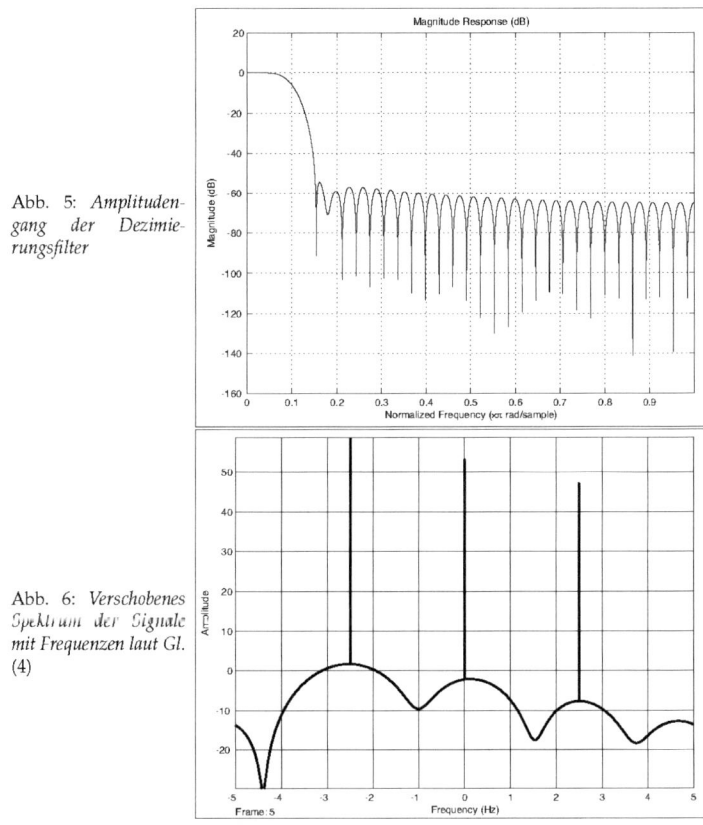

Abb. 5: *Amplituden-gang der Dezimie-rungsfilter*

Abb. 6: *Verschobenes Spektrum der Signale mit Frequenzen laut Gl. (4)*

Länge $N = 2048$ zerlegt. Diese Datenblöcke werden dann FFT transformiert und als Betrag hoch zwei am Ausgang des Blocks *Magnitude FFT* geliefert. Mit dem Block *Mean* werden einige Transformationen gemittelt, so dass auch ein eventuelles Rauschen am Eingang (leicht hinzuzufügen) unterdrückt wird. Der *Vector Scope*-Block zeigt schließlich das Spektrum (die $|FFT|^2$) des gewählten und verschobenen Bereichs.

Für die Frequenzen der drei Komponenten laut Gl. (4) erhält man eine Darstellung auf dem *Vector Scope*-Block, die in Abb. 6 gezeigt ist.

Die Amplituden der drei Signale wurde unterschiedlich eingestellt, $1; 0, 5$ und $0, 25$, so dass man leichter im Spektrum die Signale identifiziert. In der Abbildung entspricht die Nullfrequenz dem Wert der Verschiebungsfrequenz , in diesem Fall 250 Hz und die entsprechende Spektrallinie stellt die zweite Komponente dar. Die erste Komponente besitzt eine mit 2,5 Hz kleinere Frequenz bzw. die dritte Komponente eine mit 2,5 Hz höhere Frequenz.

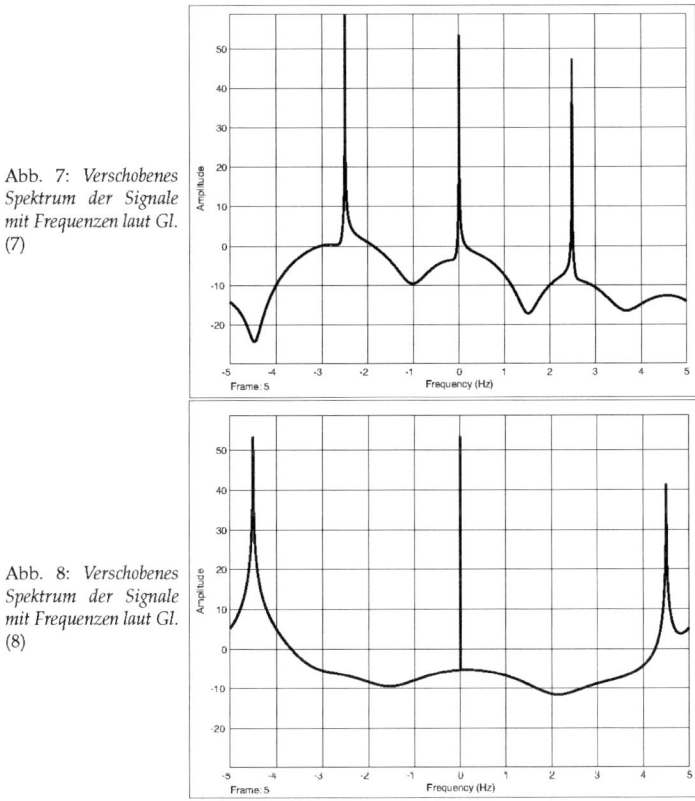

Abb. 7: *Verschobenes Spektrum der Signale mit Frequenzen laut Gl. (7)*

Abb. 8: *Verschobenes Spektrum der Signale mit Frequenzen laut Gl. (8)*

Die Auflösung des gezoomten Bereichs ist $10/2048$ Hz ($\cong 0,5$ mHz) und somit müssten Frequenzabweichungen dieser Ordnung im Bereich 250-5 Hz bis 250+5 Hz sichtbar werden. Als Beispiel werden folgende Frequenzen der Komponenten im Modell eingesetzt:

$$f_1 = 247,505 \quad \text{Hz}$$
$$f_2 = 250,005 \quad \text{Hz} \tag{7}$$
$$f_3 = 252,495 \quad \text{Hz}$$

Das Spektrum für diesen Fall ist in Abb. 7 gezeigt. Die kleinen Abweichungen der Frequenzen sind nicht zu erkennen, aber die gleiche Höhe der drei Linien in dieser

Darstellung und in der aus Abb. 6 zeigt, dass die vorausgesagte Auflösung vorhanden ist.

Wegen den nicht idealen FIR-Filter der Dezimierung ist zu erwarten, dass am Rande des gezoomten Bereichs Fehler bei der Wiedergabe der Amplituden entstehen. So z.B. für folgende Frequenzen

$$f_1 = 245,5 \quad \text{Hz}$$
$$f_2 = 250,0 \quad \text{Hz} \tag{8}$$
$$f_3 = 254,5 \quad \text{Hz}$$

erhält man das Spektrum aus Abb. 8.

3 Entwerfen der Dezimierungsfilter mit dem *FDATool*

Die Dezimierungsfilter für das konkrete gezeigte Beispiel müssen bestimmte Bedingungen erfüllen [9], die man dann in ihren Entwurf einbeziehen kann, um eventuell Filter mit weniger Koeffizienten zu erhalten. Im *Signal Processing Blockset* der MATLAB-Produktfamilie gibt es die Möglichkeit digitale Filter über das *FDATool*-Werkzeug mit einer Vielzahl von Verfahren zu entwickeln.

Wenn man den gezoomten Bereich zwischen 250-5=245 Hz bis 250+5=255 Hz ohne Fehler ausnutzen möchte, dann muss man den Filtern ein Übergangsbereich (vom Durchlass- zum Sperrbereich) einräumen. Das führt dazu, dass die Dezimierung nur mit Faktor $M = 50$ gewählt wird und ein gezoomter Bereich von 250-10=240 Hz bis 250+10=260 Hz realisiert wird, wobei der Bereich von 245 Hz bis 255 Hz ohne Fehler vorhanden sein muss.

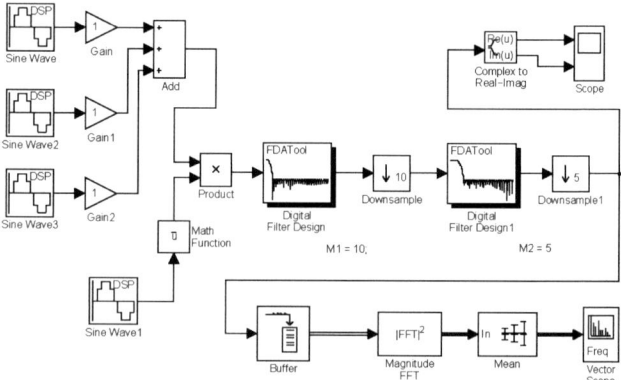

Abb. 9: *Simulink-Modell mit Filtern über FDATool entwickelt*

Mit der gleichen Größe der FFT von 2048 wird sich die Auflösung verschlechtern, von 5 mHz auf 10 mHz. Wenn die Größe der FFT auf 4096 verdoppelt wird bleibt die Auflösung erhalten.

Abb. 9 zeigt das Modell der Simulation mit Filtern, die über das *FDATool*-Wekzeug entwickelt wurden. Die Blöcke, die dieses Werkzeug aufrufen, sind im Modell durch Schatten hervorgehoben. Diese Blöcke sind in der Unterbibliothek *Filtering; Filter Designs* aus dem *Signal Processing Blockset* zu finden.

Die Dezimierung mit Faktor $M = 50$ wird jetzt in zwei Stufen realisiert, wobei die erste Stufe mit Faktor $M_1 = 10$ und die zweite Stufe mit Faktor $M_2 = 5$ gewählt werden.

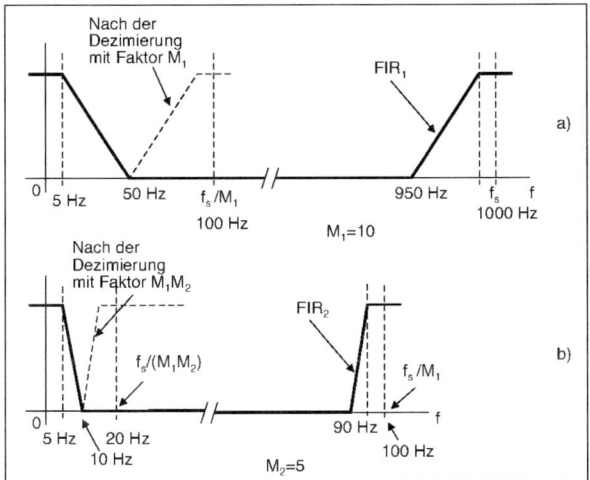

Abb. 10: *Notwendige Amplitudengänge der FIR-Dezimierungsfilter*

Abb. 10 zeigt die notwendigen Amplitudengänge der zwei FIR-Dezimierungsfilter, die dann zu folgenden Spezifikationen für den Entwurf führen. Das erste FIR-Filter für die Dezimierung mit Faktor $M_1 = 10$ muss ein Durchlassbereich f_{1p} von 5 Hz (*Passband*) und ein Sperrbereich f_{1s} (*Stopband*) von 50 Hz besitzen. Der erste Wert sichert einen gezoomten Bereich von 10 Hz und der zweite Wert vermeidet das Aliasing nach der Unterabtastung mit $M_1 = 10$. Bei einer Abtastfrequenz von $f_s = 1000$ Hz ergeben sich folgende relative Frequenzen:

$$f_{1p}/f_s = 5/1000 = 0,005; \quad \text{in der MATLAB-Konvention}$$
$$0,005 \times 2 = 0,01$$
$$f_{1s}/f_s = 50/1000 = 0,05; \quad \text{in der MATLAB-Konvention} \tag{9}$$
$$0,05 \times 2 = 0,1$$

In der MATLAB-Konvention beziehen sich die relativen Frequenzen nicht auf die Abtastfrequenz sondern auf die Hälfte der Abtastfrequenz, die die Nyquist-Frequenz definiert.

Das zweite FIR-Filter für die Dezimierung mit Faktor $M_2 = 5$ muss ein Durchlassbereich f_{2p} ebenfalls von 5 Hz und ein Sperrbereich f_{2s} von 10 Hz besitzen. Der erste

Wert sichert die gewünschte Bandbreite des gezoomten Bereichs von 10 Hz und der zweite Wert vermeidet das Aliasing nach der Unterabtastung mit $M_2 = 5$. Bei einer Abtastfrequenz von $f'_a = f_a/M_1 = 100$ Hz ergeben sich folgende relative Frequenzen:

$$f_{2u}/f'_a = 5/100 = 0,05;\quad \text{in der MATLAB-Konvention}$$
$$0,05 \times 2 = 0,1$$
$$f_{2o}/f'_a = 10/100 = 0,1;\quad \text{in der MATLAB-Konvention} \tag{10}$$
$$0,1 \times 2 = 0,2$$

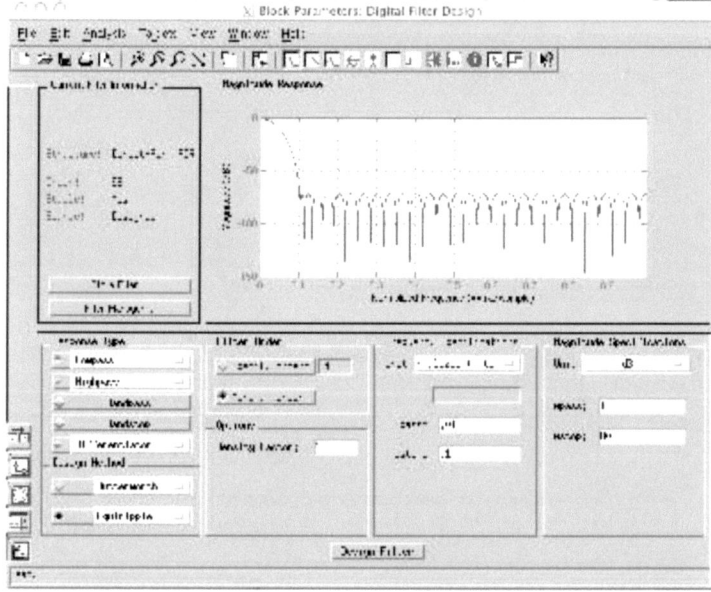

Abb. 11: *Bedienoberfläche des FDATools für den Entwurf des ersten FIR-Dezimierungsfilters*

Abb. 11 zeigt die Bedienoberfläche des FDATools für den Entwurf des ersten FIR-Dezimierungsfilters. Es wurde als *Response Type: Lowpass* und als *Design Method: Equiripple* gewählt. Für die Ordnung des Filters wurde die Option *Minimum order* aktiviert. Die Frequenzspezifikationen werden mit den Einheiten *Unit: normalized 0 to 1)* und mit den oben angegebenen Werten (wpass : 0.01 bzw. wstop : 0.1) eingetragen.

Mit den *Magnitude Specifications* in dB wird durch Apass : gleich 1 die Welligkeit im Durchlassbereich und mit Astop : gleich 80 die Dämpfung im Sperrbereich gewählt. Über die Schaltfläche *Design Filter* wird das Filter ermittelt und dessen Amplitudengang dargestellt. Wie man sieht, sind die gewünschten Spezifikationen mit einem FIR-Filter der Ordnung 56 erfüllt. Der entsprechende Block aus dem Modell stellt jetzt dieses Filter dar.

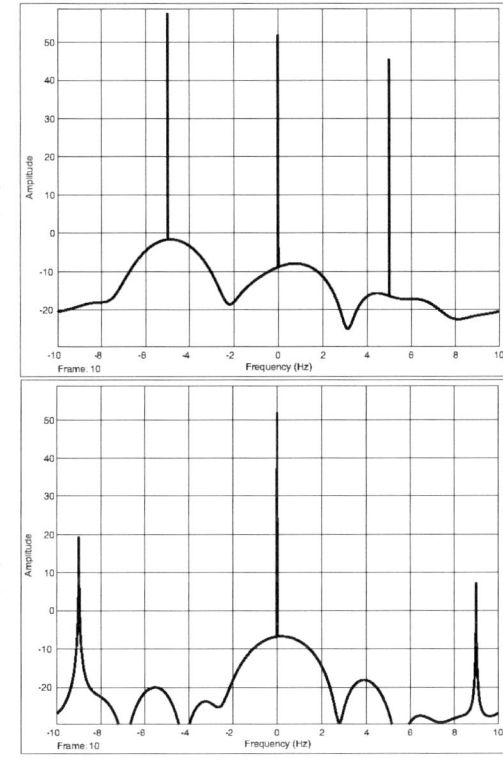

Abb. 12: *Verschobenes Spektrum der Signale mit Frequenzen 245 Hz, 250 Hz und 255 Hz*

Abb. 13: *Verschobenes Spektrum der Signale mit Frequenzen 241 Hz, 250 Hz und 259 Hz*

Über eine ähnliche Bedienoberfläche wird das zweite Filter entworfen, das jetzt durch eine Ordnung von 50 die Spezifikationen erfüllt.

Abb. 12 zeigt jetzt das verschobene Spektrum der drei Komponenten mit Frequenzen von 245 Hz, 250 Hz und 255 Hz, wobei zwei die Frequenzen der Grenzen des gezoomten Bereichs belegen. Im Vergleich zu der Darstellung aus Abb. 6 oder Abb. 7 sieht man keinen Unterschied, was den Entwurf der Filter bestätigt.

Wenn die zwei Komponenten den Bereich von ± 5 Hz um die Verschiebungsfrequenz von 250 Hz überschreiten, wie z.B. mit 241 Hz und 259 Hz erhält man Amplitudenverzerrungen, wie das Spektrum aus Abb. 13 zeigt.

Die Simulationen sind mit dem *Solver Type: Fixed-step* und *Solver: discrete (no continuous states)* parametriert. Die Dauer der Simulation von 1000 Sekunden ist notwendig, um einige Datenblöcke von 2048 Werten für die FFT zu erhalten. Ausgehend von einer Abtastfrequenz von 1000 Hz und einer Dezimierung mit Faktor 100 (oder 50) sind die Datenblöcke mit einer Abtastfrequenz von 10 Hz (oder 20 Hz) erfasst. Für einen Datenblock der Länge 2048 benötigt man dann $2048/10 \cong 200$ (oder $2048/20$) Sekunden. In der Simulationszeit von 1000 Sekunden werden somit ca. 5 Datenblöcke FFT transformiert und gemittelt.

4 Schlussfolgerung und Ausblick

Es wurde gezeigt, wie man einen bestimmten Frequenzbereich des Spektrums eines Signals zoomen kann. Das Verfahren besteht aus einer Verschiebung des gewünschten Bereichs im Basisband gefolgt von einer Dezimierung . Das resultierte komplexe Signal wird dann FFT transformiert mit einer Anzahl von Bins, die die benötigte Auflösung ergeben.

Aufwand entsteht bei der Filterung für die Dezimierung und danach durch die FFT-Transformation. Wenn die Dezimierung mit sehr hohem Faktor benötigt wird, dann wird diese in mehreren Stufen realisiert. Die ersten Stufen kann man mit IIR-Filtern realisieren, die keinen idealen Phasengang besitzen, aber sehr gute Dämpfungen im Amplitudengang bei relativ wenig Koeffizienten ergeben. Das führt zu Verringerung des Aufwands.

Es wird dem Leser überlassen diese Möglichkeit im Modell einzusetzen und zu testen bzw. weitere Experimente mit komplexeren Signalen zu entwerfen. Solche Signale könnten z.b. aus sinusförmigen Signalen mit Rauschen bestehen.

Über eine variable Verschiebungsfrequenz kann man den zu zoomenden Bereich kontinuierlich wählen und so das ganze Spektrum des Signals mit hoher Auflösung erfassen.

Literatur

[1] E. Oran Brigham. *FFT Schnelle Fourier-Transformation*. Oldenburg-Verlag, 1982.

[2] Alan V. Oppenheim, Thomas W. Parks, Ronald W. Schafer, Hans W. Schuessler C. Sidney Burrus, James H. McClellan. *Computer-Based Exercises for Signal Processing using MATLAB 5*. Prentice-Hall, 1998.

[3] S.D. Stearns. *Digitale Verarbeitung analoger Signale*. Oldenburg-Verlag, 1998.

[4] Richard G. Lyons. *Understanding Digital Signal Processing*. Addison-Wesley Publishing Company, 1997.

[5] A.V. Oppenheim, R.W. Schäfer. *Zeitdiskrete Signalverarbeitung*. Oldenburg-Verlag, 1992.

[6] A.V. Oppenheim, A.S. Willsky. *Signale und Systeme*. VCH-Verlag, 1992.

[7] J. Hoffmann. *MATLAB und Simulink in Signalverarbeitung und Kommunikationstechnik*. Addison-Wesley, 1999.

[8] Edward W. Kame, Bonnie S. Heck. *Fundamentals of Signals and Systems, Using MATLAB*. Prentice-Hall, 1997.

[9] N. Fliege. *Multiraten-Signalverarbeitung*. Teubner Stuttgart, 1993.

Index